Alphonse Esquiros

Des Jardins zoologiques pour l'acclimatation des animaux

Essai

ISBN : 978-1542776028

10 9 8 7 6 5 4 3 2 1

Alphonse Esquiros

Des Jardins zoologiques pour l'acclimatation des animaux

Essai

Table de Matières

Introduction

La science est fille de la liberté d'examen : au moyen âge, quand cette liberté n'existait pas, les savants se contentaient presque de commenter Aristote, et de défigurer par des fables la majestueuse simplicité de ses descriptions zoologiques. L'histoire naturelle était inféodée à la théologie, laquelle était, à un certain point de vue, une négation de la nature. Il fallait que la raison reprît ses droits pour affranchir les connaissances humaines. Luther ayant parlé, Galilée ayant affirmé par des calculs positifs le mouvement de la terre, Michel-Ange ayant brisé le moule de l'art mystique, une nouvelle direction, forte et précise, ne tarda pas à remplacer la période des songes et des illusions. Au XVIIIe siècle enfin, Linné et Buffon parurent. Avant eux, la zoologie expérimentale n'existait pas ; mais à peine eurent-ils répandu sur l'histoire de la vie, l'un les clartés d'un esprit sévère, l'autre les ornements d'une imagination délicate, que les progrès de cette science devinrent rapides et universels. Vers la fin du même siècle, un événement politique contribua encore à développer le goût de la nature en versant sur toute l'Europe les lumières de la philosophie et en fondant à Paris le Muséum d'histoire naturelle : on devine que nous parlons de la révolution française.

Chaque série de connaissances nouvelles crée dans l'humanité un sens nouveau. Le besoin de connaître par nos yeux les animaux qui habitent avec nous la terre est né dans ces derniers temps de la lecture des maîtres en histoire naturelle. Le goût de la zoologie vivante s'est répandu avec une rapidité incroyable en France, en Angleterre, en Allemagne, en Belgique, et partout il a créé des institutions scientifiques, plus ou moins modifiées par la constitution et le caractère des sociétés. En France, où la force d'initiative de l'état est considérable, le Muséum d'histoire naturelle est sorti d'un décret de la convention nationale ; en Angleterre et en Belgique au contraire, où le pouvoir central n'intervient que dans les intérêts collectifs du pays, où l'initiative des mesures d'utilité locale appartient tout entière aux villes et aux particuliers, les jardins zoologiques ont été créés par des compagnies. Notre but serait de déterminer les résultats auxquels l'esprit d'association et de liberté, appliqué à la science, est parvenu en Belgique. Nous

Alphonse Esquiros

aurons à rechercher ensuite, en prenant le jardin zoologique
d'Anvers pour principal exemple et pour point de départ, si les
établissements de ce genre ne pourraient agrandir leur rayon
d'utilité, en exerçant une influence non-seulement sur l'étude des
animaux, mais encore sur les services que l'histoire naturelle peut
rendre à l'économie politique.

Section I

Il existe aujourd'hui dans le petit royaume de Belgique trois
sociétés d'histoire naturelle.

D'autres ont parlé de la ville d'Anvers au point de vue monumental :
nous ne dirons donc rien de la citadelle, ni de la cathédrale, ni
du musée, ni de la bourse ; arrêtons-nous seulement au port. Ces
navires qui battent de l'aile comme des oiseaux voyageurs, cette
population hâlée de matelots qui parlent diverses langues, l'odeur
exotique des bois, des épices et des autres marchandises qu'on
décharge, la palpitation éternelle des cordages et des voiles qui
apportent dans leurs plis un souffle des contrées lointaines, l'air
vaillant de ces mâts qui ont vu des mers agitées et peu connues,
ces vergues, délicats monuments de l'industrie nautique, ce beau
fleuve, l'Escaut ! et derrière l'Escaut la mer, et derrière l'océan
l'infini, c'est-à-dire l'Inde, la Chine, le Nouveau-Monde, l'Australie,
les pays qu'on connaît et ceux qu'on n'a pas découverts encore : tel
est Anvers ! On comprend tout de suite que la position de cette ville
ait été favorable aux progrès de l'histoire naturelle. La connaissance
des êtres vivants est intimement liée à la connaissance du globe
terrestre : au moyen âge, quand il y avait une géographie fabuleuse,
il y avait de même un règne animal fabuleux. D'après ces données,
quiconque, le doigt sur la carte de la Belgique, chercherait le
point sur lequel le premier jardin zoologique a dû se fonder ne
manquerait pas de désigner ce port de mer, qui sert d'entrepôt aux
richesses naturelles de toutes les parties du monde.

Le jardin zoologique d'Anvers est situé un peu en dehors de la
ville et près de la station du chemin de fer. L'entrée n'a rien de
remarquable : une avenue longue, sablée et bordée d'arbres, conduit
à une plate-forme d'où la vue s'étend bientôt sur des feuillages, de

l'eau et quelques accidents de terrain qui ne sont point sans grâce. L'été, c'est une jolie promenade, d'un dessin peu correct, mais qui ne manque ni de mouvement ni d'une certaine variété pittoresque. Les bâtiments qui méritent d'arrêter l'attention sont un musée d'histoire naturelle, construction magistrale et froide, un café dans le goût mauresque, et une charmante maison, en forme de chalet suisse, qui sert d'habitation au directeur. Le bâtiment principal contient une collection d'animaux empaillés qui, pour la plupart, ont vécu dans le jardin zoologique d'Anvers. Nous nommerions volontiers cette galerie les *Champs-Elysées* de l'établissement, car ces oiseaux et ces mammifères, quoique préparés avec art, ne sont plus que les ombres d'eux- mêmes. Le rez-de-chaussée de ce cabinet d'histoire naturelle est occupé par des loges de carnassiers vivants, entre lesquels nous avons noté un tigre, une tigresse, un lion du Sénégal, une panthère, un couguar du Paraguay et un guépard. L'avant-corps du bâtiment abrite les oiseaux des régions tropicales ; là jasent, sifflent, brillent et s'épanouissent au soleil du poêle la perruche jaune, la perruche ondulée de la Nouvelle-Hollande, l'ara bleu d'Amérique, l'ara maximilien, et quantité d'autres volatiles qui se recommandent par l'éclat de leur plumage. Dans un coin de cette salle, réservée aux oiseaux, repose engourdi, du 15 septembre au 15 mai, le crocodile. Au milieu du jardin, une maisonnette exposée au midi a reçu deux girafes, deux éléphants, et de nombreux antilopes du Sénégal. Les ruminants se promènent dans des parcs que limite un léger treillage ; nous avons remarqué parmi eux un bouc des Açores. Plusieurs cages logent une assez riche collection d'oiseaux de proie. Des volières construites avec goût sont habitées par la poule sultane du Sénégal, l'ibis sacré, l'ibis rouge du Brésil, le canard mandarin, le pigeon couronné, la demoiselle de Numidie, et quantité d'autres oiseaux exotiques. À côté d'eux se déploie une nappe d'eau dans laquelle nagent, barbotent, plongent et s'ébattent à l'envi tous les palmipèdes qui existent en Europe. Sous les arbustes, vous rencontrez sans ordre et à chaque pas des loges d'animaux plus ou moins élevés dans l'échelle des êtres. Voici le palais des singes : l'établissement possède un exemplaire du cynopithèque, singe très rare des îles Philippines. Plus loin, c'est la fosse aux ours. Le dimanche, quand il fait beau, les femmes d'Anvers, dont le pinceau de Rubens a illustré la beauté haute en couleur, amènent

Alphonse Esquiros

là leurs enfants, les joues pleines de roses et les mains pleines de gâteaux, car c'est le caractère des jardins zoologiques de convenir en même temps à la promenade et à l'étude.

L'origine et la constitution économique de la société d'histoire naturelle d'Anvers sont des souvenirs qu'on aime à évoquer au milieu du jardin qui est sa création. C'était en 1843. Une société se constitua, ayant à sa tête huit principaux membres. Un naturaliste, M. Kets, fut nommé directeur perpétuel de l'établissement qu'on allait fonder. Un emprunt de 100,000 francs, dont les actions furent souscrites par les habitants d'Anvers, devait être consacré à l'achat du terrain et à la construction des premiers bâtiments. Le terrain a été agrandi en 1847, et les travaux intérieurs se sont successivement élevés. Voilà pour la fondation ; voici maintenant pour l'entretien actuel de l'établissement. Les frais du jardin zoologique d'Anvers montent aujourd'hui à près de 100,000 francs par année. Cette somme est fournie : 1° par la rétribution d'un franc d'entrée que la société prélève sur les visiteurs ; 2° par la vente d'oiseaux exotiques et d'autres animaux, pour la plupart nés dans l'établissement ; 3° par une cotisation annuelle de 25 francs, que versent les sociétaires et par l'apport d'une somme de 20 francs, une fois payée à leur entrée dans l'association. Le nombre des visiteurs est considérable, et la société d'histoire naturelle compte maintenant deux mille cinq cents membres. On voit que la situation est prospère.

L'acquisition des animaux est favorisée par les relations établies entre certains sociétaires et les capitaines de vaisseaux. C'est à qui, parmi les membres de la société, se servira de ses influences pour obtenir à prix réduits les exemplaires vivants que les navires amènent dans le port ; plusieurs dons sont même arrivés par cette voie au jardin zoologique. Chacun des associés, se considérant comme copropriétaire de l'œuvre, met une sorte d'amour-propre à cultiver la prospérité de l'établissement, à accroître et à entretenir les collections. La police du jardin est faite par tous les membres intéressés ; les richesses d'histoire naturelle sont placées sous leur sauvegarde, et partout éclate, dans l'administration de ces richesses, l'esprit d'ordre et de conservation que développe le sentiment de la solidarité. La surveillance d'une ménagerie est d'ailleurs chose délicate et minutieuse. Pour entretenir vivants des animaux nés sous des climats si opposés, il faut une connaissance pratique de leurs mœurs, de leurs caractères, de leurs besoins, et beaucoup d'exactitude dans le service. Les pertes faites par cette société d'histoire naturelle ont été peu considérables, et les résultats méritent encouragement, si l'on considère surtout en combien peu d'années ils ont été obtenus. Anvers possède aujourd'hui une collection d'animaux vivants qui ferait honneur à toutes les villes maritimes.

L'exemple donné par les Anversois ne pouvait manquer d'imitateurs. Vers la fin de 1851, une société anonyme s'organisait à Gand pour fonder un jardin zoologique. Le capital social, qui était d'abord de 300,000 francs, fut porté en 1853 à 450,000 francs. Le terrain, successivement accru, présente aujourd'hui une superficie de plus de cinq hectares. Les habitants de Gand, qui avaient d'abord répondu avec hésitation à l'appel du comité fondateur, se montrent maintenant très jaloux et très empressés de s'inscrire sur les registres de la société d'histoire naturelle. Le nombre des membres associés vient d'atteindre le chiffre de quatre mille. Le jardin zoologique de Gand possède une collection d'environ sept cents animaux vivants[1] ; c'est peu sans doute, mais il faut se souvenir que cet établissement est né d'hier. La ménagerie a fait quelques pertes graves : un crocodile et un ours blanc se sont majestueusement laissés mourir, l'un par regret de son soleil, l'autre de ses glaces. Ces pertes sont inévitables au début d'une fondation ; l'entretien des animaux demande un sérieux apprentissage. Au reste, le jardin zoologique de Gand est en bonne voie. Le directeur, homme capable et dévoué, a établi des relations avec tous les pays d'où viennent les animaux rares. Les ressources abondent. L'année dernière, l'établissement a fait une recette d'environ 65,000 francs, et toutes les dépenses ne se sont guère élevées à plus de 48,000 francs. Comme le jardin zoologique d'Anvers, celui de Gand est en même temps un lieu d'étude, de réunion et de divertissement. Dans la belle saison, des concerts de musique militaire attirent, au moins une fois par semaine, de nombreux visiteurs. Les femmes de

---

1 Parmi les constructions du jardin de Gand, l'œil distingue tout d'abord le bâtiment principal, qui ne manque point de caractère, — un élégant palais des singes, un kiosque qui s'élève, parmi les rocailles, au-dessus d'une pièce d'eau où nagent des cygnes, des canards, des pélicans,— une charmante cabane pour loger les autruches,— des étables d'une architecture rustique, mais non sans style, — une fosse aux ours, — — et de légères habitations pour les oiseaux de proie.

Alphonse Esquiros

la ville s'y rendent en toilette, un peu pour voir les animaux et un peu pour être vues.

La capitale de la Belgique, Bruxelles, est en retard sous le rapport de l'histoire naturelle. Son jardin zoologique est encore dans l'enfance. Le terrain est assez vaste et heureusement planté ; quelques constructions agréables s'y élèvent [1]; les loges sont faites de manière à dissimuler sous quelques ornements naturels ce qu'a toujours de triste le spectacle de la captivité, mais les collections sont pauvres. Les quadrupèdes nous ont surtout paru représentés au jardin zoologique de Bruxelles par le genre *canis*, et les oiseaux par les gallinacés. Les pertes ont été énormes et témoignent que l'art de conserver les animaux vivants est un art d'expérience et de pratique. « Voici quarante ans que je m'occupe de cela, nous disait le directeur du jardin d'Anvers, et j'apprends tous les jours. » Notre conviction est pourtant que la société d'histoire naturelle fondée à Bruxelles triomphera là comme ailleurs des difficultés d'une installation toute récente. Déjà l'établissement attire des visiteurs, et les acquisitions se multiplient.

Le mécanisme des sociétés d'histoire naturelle, telles qu'on les trouve établies en Belgique, est, on le voit, extrêmement simple. Un comité organisateur se forme ; ce comité nomme un conseil d'administration et un directeur ; un fonds social, divisé en actions, est évalué et fixé sur les besoins probables de l'entreprise. De ce jour, l'établissement vit ; il a une tête, des membres, et, si l'on ose ainsi dire, des organes alimentaires. Dès que ces premières conditions satisfaites assurent son existence à la compagnie, on procède à l'achat d'un terrain. Le choix de l'emplacement est capital : il faut une exposition au midi pour les animaux des contrées chaudes, une exposition au nord pour les animaux des contrées froides, et un fond marécageux pour les animaux aquatiques. Une fois ouvert, l'établissement vit de ses recettes et des souscriptions qu'il perçoit. L'achat des animaux est surtout confié au directeur, qui doit se mettre en rapport avec les voyageurs, les consuls et les capitaines de vaisseaux. Ces animaux obtenus, il n'y a qu'une connaissance approfondie de leurs mœurs et de leurs besoins qui puisse

---

1 Nous citerons la fosse aux ours et un bassin considérable, dans lequel s'ébat un peuple de canards et d'autres oiseaux nageurs. Ce bassin est alimenté par une machine hydraulique d'une forme svelte et d'une grande puissance.

pourvoir à leur conservation ; il s'agit de reproduire artificiellement autour d'eux les conditions naturelles de leur patrie, de distribuer par conséquent aux uns le froid, à d'autres la chaleur, à d'autres encore l'humidité. Il s'agit, en un mot, de faire des climats. Un comité fondateur, des actionnaires, des souscripteurs, qui pour une somme annuelle de 20 ou 25 fr. acquièrent le droit d'entrée dans le jardin, tel est le personnel sur lequel s'appuie au dehors l'établissement. Une administration dont les actes sont soumis à la surveillance des fondateurs et des actionnaires, tel est le pouvoir intérieur qui exécute.

En résumé, les jardins zoologiques d'Anvers, de Gand, de Bruxelles, nous offrent un type d'institutions qui manquent à la France. Élevés par souscription, ils ne doivent rien à l'état, et ils puisent leurs propres ressources dans leur développement même. Il est question d'annexer aux collections d'animaux vivants une bibliothèque d'histoire naturelle et des cours publics. Tels qu'ils sont, si ces établissements ne professent point la science, du moins ils apprennent à l'aimer. Il y a un demi-siècle à peine, la girafe, le kangourou, l'ornithorynque, étaient pour la foule des bêtes aussi paradoxales que la licorne et le griffon des anciens. Si quelques animaux exotiques étaient mieux connus, on ne les rencontrait guère néanmoins que dans nos cabinets d'histoire naturelle, ces froides hypogées de la science. De tristes galeries dans lesquelles toute la nature était classée, étiquetée, empaillée et couverte de poussière, étaient plutôt faites pour répandre de l'ennui sur l'étude des animaux que pour lui donner de l'attrait. Aujourd'hui ces mêmes animaux vivent, s'agitent, se promènent, marchent, volent, rampent sous nos yeux. C'est un progrès. Les jardins zoologiques ont rendu de véritables services à l'histoire naturelle, en popularisant la connaissance des animaux, et en donnant à la science un air de fête. Ils ajoutent à l'agrément des villes, à l'éducation publique, à la civilisation et à la morale ; « car, dit un ancien, l'homme devient meilleur en étudiant les œuvres de Dieu. »

Malgré des services incontestables, on nous permettra de dire que le véritable caractère de ces établissements n'a point été jusqu'ici déterminé. Créés par l'initiative de quelques individus et par le concours d'une ville, les jardins zoologiques ne peuvent prétendre à être des foyers d'enseignement illustrés par toutes les

Alphonse Esquiros

lumières scientifiques d'un siècle. Ils ne feront jamais concurrence au Muséum d'histoire naturelle de Paris, que protège dans un grand pays le pouvoir central. Ces établissements ont néanmoins une place à prendre : qu'ils propagent la connaissance des animaux, qu'ils rendent la science, attrayante en la dépouillant de sa gravité morose, rien de mieux, mais là ne devrait point s'arrêter l'ambition de ceux qui les dirigent. Le jardin zoologique d'Anvers, les établissements analogues de Gand, de Bruxelles, n'ont jusqu'ici qu'une valeur de curiosité ; ils pourraient s'élever au rang d'institutions utiles. Nous avons dit ce qu'ils sont ; il faut dire maintenant ce qu'ils devraient être.

Section II

La véritable destination des jardins zoologiques serait de servir de théâtre aux faits et aux expériences d'histoire naturelle. La recherche des lois en vertu desquelles les animaux passent de l'état sauvage à l'état domestique, les essais d'acclimatation ; le perfectionnement des races conquises et l'éducation de celles qui restent à conquérir, tel est, selon nous, le champ d'études pratiques dans lequel les jardins zoologiques devraient circonscrire leur enseignement. Comme dans cette voie le passé est destiné à éclairer l'avenir, il conviendrait d'abord de rassembler les faits qui constituent, pour ainsi dire, l'échelle du développement des anciennes races domestiques.

Le règne animal est pour l'observateur un cours de géographie vivante, car le génie des différents climats se personnifie dans les différents membres de la grande famille zoologique. Nous pouvons ajouter que, si à côté des espèces sauvages, on prenait le soin d'exposer les espèces domestiques, le règne animal deviendrait un cours d'histoire universelle. Reportons-nous aux origines de la civilisation. La nature n'avait émis que des forces, des éléments de production, des ébauches de choses : l'homme a créé le travail ; non-seulement il l'a créé dans sa race, mais encore ce travail, générateur de toutes les richesses positives, il l'a formé lentement et péniblement chez les autres espèces vivantes. Ces êtres organisés, doués comme lui d'instincts et de besoins, il les appelle au secours de l'économie naissante ; ces brutes, il les élève à la dignité d'êtres utiles. Dans la lutte ouverte entre la force productive et la parcimonie de la nature, l'homme développe des moyens successifs et gradués. À mesure qu'il perfectionne l'état social, il se réfléchit avec ses lumières et ses progrès sur le règne animal, dont il augmente chaque jour les services. Auteur des bienfaits de la domesticité, il se nourrit de son propre labeur dans le labeur des bêtes de somme ; dans les organes et les mouvements de ses muets auxiliaires, il met de sa pensée, de sa volonté, de son courage ; l'homme crée ainsi un à un les instruments animés de l'industrie. Il y a là, nous le répétons, toute une histoire économique dont les monuments ne doivent point être cherchés dans les livres ni dans les traditions effacées des peuples : ces monuments, une administration intelligente pourrait les mettre sous les yeux du spectateur ; ce sont en effet les animaux domestiques, pris à différents degrés sur l'échelle de la civilisation du globe.

Sortons des généralités et abordons le terrain pratique de la question. Prenons pour exemple l'espèce domestique la plus connue, celle qui ajoute, sur toute la terre, des sens et des organes aux sens et aux organes de l'homme ; prenons la race canine. Il ne suffit pas de montrer dans le chacal la souche probable de notre chien, il faudrait montrer par une série de spécimens les degrés que le chacal a parcourus avant d'arriver aux formes, aux instincts et aux fonctions du chien d'Europe. Une ménagerie philosophique, si l'on me permet cette expression, rétablirait la chaîne des progrès accomplis par l'animal domestique, en exposant d'abord le chien le moins modifié par l'homme. Ce chien est celui de la Nouvelle-Hollande. Tout près de l'état sauvage, cet animal à oreilles droites a sous son poil soyeux une sorte de poil laineux ou de duvet qui est comme la robe naturelle de sa race, et que nos chiens domestiques ont entièrement perdue ; il n'aboie pas, l'aboiement est chez le chien civilisé (qu'on nous passe le mot) une faculté acquise. Après le chien de la Nouvelle-Hollande viendrait le chien des Esquimaux, qui marque en quelque sorte le second degré de la croissance domestique. Si le chien de la Nouvelle-Hollande exprime dans son œil ardent, dans son allure sauvage, dans ses formes heurtées et dans ses mœurs grossières l'état social de la race la moins industrieuse et la plus abaissée de la terre, le chien des Esquimaux, dont tout l'instinct se borne, ou à peu près, à tirer des traîneaux sur la glace, manifeste les besoins d'une civilisation encore très peu compliquée, mais déjà capable d'approprier ses forces et celles du règne animal à un certain ordre de services. À la suite du chien des Esquimaux s'échelonneraient, dans leur ordre de dignité, des chiens appartenant aux peuplades barbares ou semi-barbares de l'Afrique et du Nouveau-Monde, puis aux civilisations arrêtées de l'Asie, telles que l'Inde, le Thibet, la Chine, la Perse. Cette série canine amènerait ainsi l'animal, successivement modifié, du type sauvage au type de nos plus beaux chiens domestiques, intendants de l'homme, compagnons de son travail et distributeurs de son action sur les autres animaux. La chaîne des progrès vivants se terminerait par le chien des États-Unis d'Amérique, qui bat le beurre, qui remplit dans la maison des fonctions variées, et dont les formes cultivées par l'homme dénotent une société laborieuse et supérieure.

Ce que nous proposons de faire pour le chien, on le ferait en même temps pour les animaux qui contribuent à notre système d'alimentation ou à notre industrie. Non content de confronter les espèces sauvages aux espèces domestiques, on établirait les degrés intermédiaires de la transformation. Les individus se succédant dans l'ordre de leurs instincts appris et de leurs services exprimés par leurs caractères extérieurs, on verrait le bouquetin ou l'œgagre *devenir* bouc, le mouflon *devenir* mouton, l'orops *devenir* bœuf, le sanglier *devenir* cochon, et cela en passant par des nuances qui exprimeraient toujours les influences exercées d'âge en âge par la main de l'homme sur le poil, la taille, les organes et les mœurs de ces animaux. Nous avons dit que la zoologie ainsi pratiquée ne serait plus seulement une science, mais qu'elle deviendrait en outre une histoire universelle. Quoi de plus évident ? L'homme a tout fait : il a commencé, si on ose le dire, par se faire lui-même ; puis à peine a-t-il eu ébauché les destinées de sa race, qu'il a poursuivi dans toute la nature les moyens de suppléer aux forces et aux organes qui lui manquaient. C'est alors qu'il a jeté les yeux sur le règne animal. Après avoir cherché seulement une proie dans les êtres vivants, il a imaginé un jour de leur demander des services. De ce jour, l'agriculture, l'industrie, les arts utiles et l'économie domestique sont nés. Amener quelques animaux sauvages à partager la vie de l'homme, ses travaux, ses goûts, ce fut l'œuvre de quelques générations ; mais amener ces individus à l'état de races conquises, sérieusement utiles, ce fut l'œuvre des siècles. Les âges historiques se transmirent le soin d'améliorer les races d'animaux, et cette entreprise fut favorisée par les lois mêmes de la nature. La bête est capable de développement, non d'un développement volontaire, libre, spontané, actif, mais d'un développement communiqué. Si l'animal n'invente pas, il reçoit. Créations passives du progrès, les espèces domestiques n'avancent point par elles-mêmes, mais elles ne se refusent pas aux perfectionnements que l'homme trace dans leur intelligence, dans leurs instincts ou même dans leurs organes. Or, comme l'homme ne peut agir sur le règne animal qu'avec la somme de ses facultés relatives, il s'ensuit que la plus étroite relation existe nécessairement entre l'histoire des races domestiques et l'histoire des progrès de la civilisation sur le globe. Nul ne donne aux autres que ce qu'il possède lui-même, et l'état social d'un peuple, comme son âge historique, se représente exactement par le nombre, la nature et le degré de perfectionnement des animaux domestiques qu'il élève. Dans le dénombrement que César, Tacite et les autres historiens nous ont laissé des richesses zoologiques appartenant aux Celtes ou aux Germains, figurent des troupeaux de vaches, de taureaux, de moutons et de chèvres, le cheval, *bellator equus*, le chien de chasse ou de berger. Tous ces animaux, par leur caractère, indiquent les mœurs nomades, pastorales et guerrières des peuples qui les nourrissaient.

D'après ce principe, — à hommes barbares animaux barbares, à hommes civilisés animaux civilisés, — on peut hardiment créer une zoologie historique. Pour jeter les bases de cet enseignement tout nouveau, que faut-il ? Il s'agit de réunir, de grouper et d'échelonner pour chaque série domestique des individus sur les caractères desquels on puisse suivre et parcourir les caractères des sociétés plus ou moins avancées dont ces animaux procèdent. Un jardin zoologique où, dans des enclos réservés à cet ordre d'études, on verrait toutes nos espèces domestiques sortir par degrés de leur souche naturelle, où l'on verrait enfin se former dans les types modifiés des divers animaux les types des diverses civilisations qui les élèvent ; un tel jardin, dis-je, ne serait plus un simple rendez-

Alphonse Esquiros

vous d'amateurs, un but de promenade et de curiosité stérile : ce serait un théâtre d'idées, un théâtre de faits sur lequel le grand drame de la civilisation se représenterait par des acteurs choisis dans la nature.

La confrontation des espèces sauvages avec les espèces domestiques, en passant par les nuances intermédiaires, nous montrerait aux deux extrémités de l'échelle, d'une part l'uniformité, de l'autre la variété. Ce qui distingue les races humaines primitives, c'est la ressemblance des individus entre eux ; il n'y a pour ainsi dire chez elles qu'un homme et qu'une femme. Cette observation n'a point échappé au génie de Tacite, lorsque, parlant des Germains, il dit : *Habitus quoque corporum, quanquam in tanto hominum numero, idem omnibus.* Ces races pures et uniformes ont des animaux qui leur ressemblent, c'est-à-dire des animaux également représentés par un type unique. Dans les civilisations ébauchées, il n'y a pour ainsi dire qu'un cheval, qu'un chien, qu'un âne, qu'un mouton. L'homme crée la variété dans sa race et dans les espèces domestiques en substituant à l'uniformité primitive donnée par la nature un système de croisements utiles. Ainsi, dans une ménagerie où les espèces sauvages seraient mises en regard des espèces domestiques et de leurs différents degrés de formation, tel genre qui, au point de départ, serait représenté par un ou deux types au plus, finirait par aboutir, vers la fin de la série, à un nombre très considérable de types engendrés les uns des autres. Ainsi se dessinerait en relief, et pour ainsi dire dans la vie, cette grande loi : — tout se ressemble en sortant des mains de la pâture ; tout diffère en sortant des mains de l'homme civilisé.

Ce n'est pas tout : dans les civilisations simples, les animaux se montrent capables d'un ordre unique de services en rapport avec leurs instincts primitifs ; dans les civilisations compliquées, les animaux domestiques se montrent capables de services nombreux et diversifiés, de plus en plus en rapport avec les besoins de l'homme. Chaque fonction nouvelle constitue un progrès qui n'efface point les progrès antérieurs, mais qui les continue et qui superpose des facultés acquises à des facultés naturelles. Pour ne regarder ici qu'aux grandes divisions, nous retrouvons les trois âges primitifs de la civilisation gravés dans trois variétés inférieures de la race canine : — le chien de chasse, état sauvage ; — le chien de berger, état pastoral ; — le chien de garde, naissance de la propriété. La division du travail, l'inégalité des conditions sociales, la différence d'éducation, de nourriture et de soins hygiéniques parmi les différentes classes de citoyens, tous ces faits qui se produisent à la naissance des états, s'écrivent en traits multiples dans les caractères des races domestiques et engendrent des variétés de services dont la somme constitue la richesse agricole et industrielle des nations. L'histoire des animaux domestiques, c'est l'histoire de l'organisation du travail.

Cette sorte d'épopée économique, où la poésie des faits aurait bien vite remplacé la sécheresse des classifications et la froideur des conjectures, conduirait naturellement le spectateur à un nouveau théâtre d'expériences. Les questions relatives à la domesticité des animaux commencent, et avec raison, à préoccuper les naturalistes. Tous conviennent que l'amélioration des races conquises dans nos climats, l'acquisition de celles qui restent à conquérir, seraient un des plus grands bienfaits que l'on pût répandre sur un pays. Cela rendrait, disent-ils, les travaux moins pénibles et les moyens de subsistance plus assurés. L'œuvre de l'acclimatation des animaux étrangers demande à être éclairée par l'histoire de la naturalisation des anciennes espèces domestiques. Ici encore les faits abondent. La plupart des espèces domestiques dont l'Européen tire sa richesse n'appartiennent point à l'Europe. Quand la race de Japhet, *audax Japeti genus*, s'avança dans la partie du monde que nous habitons, et où se déploient maintenant toutes les merveilles de l'industrie, toutes les conquêtes de l'agriculture, que trouva-t-elle ? En fait d'arbres, le chêne ; en fait d'animaux, le sanglier. Toutes ces belles espèces domestiques auxquelles les civilisations européennes doivent leur bien- être, leur supériorité, leur magnificence, l'Europe les a empruntées aux autres parties de la terre. Tout ce que la nature avait refusé à nos climats, l'industrie humaine se l'est donné. Originairement, cette mère nature, *rerum alma parens*, avait peu favorisé le nord du globe ; l'homme destiné à vivre dans nos contrées pauvres avait été doué seulement d'un cerveau plus riche que celui des autres races, et c'est à l'aide de ce cerveau privilégié qu'exerçant sur le monde une sorte de magistrature économique, l'Européen a augmenté ses forces de toutes les forces cosmopolites du règne animal. À l'Asie centrale il a demandé le cheval, à l'Inde et à l'Égypte le bœuf, à la Perse la chèvre, à l'Indostan la poule, à la Colchide le faisan, à l'Afrique la pintade, au Nouveau-Monde le dindon. Ainsi le règne animal qui existe en Europe est notre conquête.

Cette conquête pacifique est-elle terminée ? L'œuvre de la domestication des animaux est-elle accomplie ? La science nous répond que non. L'histoire nous indique un très grand nombre d'animaux exotiques sur lesquels l'homme pourrait certainement étendre sa main. La plupart de ces animaux figurent dans les ménageries et dans les jardins zoologiques, mais ils y figurent comme simples objets de curiosité. Il faut d'ailleurs bien distinguer entre la possession accidentelle de quelques individus et la possession de la race. Certains animaux peuvent être asservis, apprivoisés même, sans être domestiques. La domesticité est un fait qui repose sur une loi, et cette loi, c'est l'hérédité des modifications acquises. L'animal issu d'un père et d'une mère sauvages naît sauvage ; l'animal issu d'un père et d'une mère apprivoisés naît apprivoisé ; l'animal issu d'un père et d'une mère domestiques naît apte à la domesticité. Les inclinations, les caractères, les facultés, que les espèces soumises contractent dans le commerce avec l'homme, se transmettent par voie de reproduction naturelle. Une sorte de progrès lent germe dans les organes de l'animal qui passe de l'état de nature à l'état domestique, et ce progrès, continué de génération en génération, dessine une nouvelle manière d'être. Cette tradition passive à laquelle participent, selon des degrés différents, tous les individus de la race, cette hérédité des caractères acquis justifie scientifiquement les efforts et les essais du genre humain pour introduire dans la création un règne animal à lui. Les artistes peuvent admirer, si bon leur semble, les formes primitives de ces animaux des forêts sur lesquels la main de l'homme n'a rien imprimé ; 'libre à eux de préférer même les espèces sauvages, expression farouche des forces aveugles de la nature, aux espèces domestiques, sur lesquelles revivent les traits des différentes civilisations du globe. L'économiste, lui, envisage les faits à un autre point de vue : il apprécie dans les animaux les organes qui se rapportent à un ordre de services déterminés ; il estime les formes vivantes dans le développement desquelles nous avons un intérêt. Pour l'économiste, l'animal qui travaille ou qui nourrit l'homme

Section II

n'est jamais laid, il a la poésie de l'utile.

Nous venons de poser la loi, il nous faut dire maintenant pourquoi cette loi ne s'est point étendue à tous les membres de la famille zoologique. Des obstacles s'élèvent à la conquête du règne animal, et le premier de ces obstacles est dans la distribution géographique des êtres. La nature, au moyen des climats, a limité, circonscrit, localisé l'existence de chaque espèce vivante sur le globe. Hâtons-nous pourtant de le dire, cet obstacle, si sérieux qu'il soit, ne paraît point être invincible. Toutes les fois que l'homme a vu pour lui un intérêt considérable à s'emparer d'une espèce sauvage, il l'a fait, et les barrières topographiques, après un moment de résistance, se sont abaissées devant sa volonté persévérante. Jetez un coup d'œil sur le monde, et vous reconnaîtrez bien vite que l'ubiquité de tel ou tel animal domestique est en raison directe des services que cet animal rend à son maître. Les êtres organisés, dans l'état primitif, ne présentent pas tous les mêmes dispositions ni la même répugnance à la domesticité. Il y en a évidemment de plus rebelles les uns que les autres, soit à l'acclimatation, soit à l'apprivoisement ; mais quand l'utilité d'un animal est telle que les sociétés humaines n'auraient pu ni se fonder, ni prospérer sans lui, on peut dire que sa conquête est décrétée en principe. Si donc l'homme ne s'est point approprié les instincts et la chair d'un plus grand nombre d'animaux domestiques, il ne faut en accuser ni les climats, ni les températures différentes du globe, ni les mœurs primitives des animaux réfractaires ; il faut plutôt dire que, ayant pourvu à ses besoins les plus urgents par l'assimilation d'une petite quantité d'espèces utiles, il a ralenti son action sur la nature organique, et abandonné une victoire qui demandait trop de sacrifices à sa paresse.

L'Europe ne possède encore que trente-cinq espèces domestiques, parmi lesquelles trente et une sont originaires de l'ancien monde et quatre de l'Amérique. Évidemment, c'est trop peu, tous les naturalistes sérieux en conviennent ; quelques-uns ont même émis le vœu et conçu l'espérance d'accroître la famille de nos animaux utiles. Pour se rendre compte de la somme de bienfaits que répandrait sur l'agriculture, sur l'industrie, sur les arts, l'acquisition des espèces exotiques confinées aujourd'hui bien au-delà des limites de l'Europe, il faut se figurer la perte que feraient nos civilisations, si l'une des espèces d'animaux acclimatés depuis longtemps, comme le cheval, l'âne, le mouton, le bœuf, la poule, venait à disparaître. La richesse publique en serait visiblement atteinte, et l'économie sociale aurait autant à déplorer une telle perte que l'histoire naturelle. Parmi ces animaux en effet, les uns contribuent à notre alimentation ; les autres, comme le mouton, servent en même temps à nous nourrir et à nous vêtir ; les autres enfin, en qualité d'auxiliaires, prennent à la charge de leurs membres vigoureux une somme de travail qui, eux absents, retomberait tout entière sur les bras de l'Homme. I ! a fallu la maladie des pommes de terre pour nous apprendre la valeur économique de ce tubercule et l'étendue des services que Parmentier nous a rendus en le propageant : faudra-t-il de même une épizootie générale et terrible pour nous enseigner de quelle importance est la culture du règne animal ? *Dî, talem avertite casum !* La raison seule doit nous apprendre de quels bienfaits nous sommes redevables aux premiers hommes qui ont accouplé les bœufs sous le joug, dompté le cheval, adouci le sanglier, et quelle reconnaissance attend dans l'avenir la main assez heureuse pour doter l'Europe d'une nouvelle espèce domestique.

Section III

Il doit suffire maintenant de passer rapidement en revue le règne animal pour voir, dans chaque grande division de la vie organique, quels sont les types dont il est raisonnable d'espérer la conquête.

Aux carnassiers, l'Européen a demandé le plus utile et le plus intelligent de ses auxiliaires, le chien ; puis, cela fait, il s'est arrêté. Quelques personnes ignorantes des faits s'imaginent que si l'industrie humaine n'a point réclamé à l'état de nature la plupart des grands carnivores, c'est qu'elle a reculé devant la férocité naturelle de ces animaux. Là n'est point l'obstacle. Il y a des exemples de lions, de tigres, d'ours, de loups, de renards, fort traitables et même complètement apprivoisés. La hyène, qui est en général un objet d'aversion, la hyène que les naturalistes du dernier siècle avaient peinte sous des couleurs si sombres, la hyène, dis-je, est déjà passée à l'état d'animal domestique dans une grande partie du continent africain, où elle rend les services du chien le plus fidèle et le plus attaché à son maître. L'éducation de la race féline est commencée : je ne parle pas du chat, cet hôte inconstant de nos demeures, qui n'a jamais voulu renoncer à son indépendance ; je parle du guépard, dont la ménagerie d'Anvers possède un exemplaire, et qui dément par ses mœurs les préjugés vulgaires touchant la cruauté du tigre. Bon et docile dans l'état de liberté, il suit les seigneurs indiens à la chasse ; prisonnier, il touche ses geôliers eux-mêmes par la douceur de son caractère. Il est vrai que le guépard présente quelques différences organiques avec les autres *feles*. La partie antérieure du cerveau est plus élevée, et ses ongles non rétractiles sont autrement conformés que ceux du tigre ; mais on se demande si ces caractères spécifiques sont fournis par la nature ou créés par l'éducation. C'est un champ de conjectures que je ne veux point ouvrir ; il nous suffira de savoir qu'au sein des familles zoologiques qui passent pour les plus redoutables se rencontrent des animaux très susceptibles de subir l'influence de l'homme. Il n'y a point de bêtes féroces, en ce sens qu'il n'y a point d'animaux, au moins parmi les mammifères, incapables d'attachement et de reconnaissance. C'est même une loi connue des naturalistes que chez la brute, comme chez l'homme, la bonté est un fruit du développement de l'intelligence. Les animaux qui se montrent les plus capables d'affection et de bons rapports avec nous ne sont pas ceux que la nature a le moins pourvus de moyens d'attaque ; ce sont ceux qu'elle a doués de plus d'esprit. Le caractère plus ou moins dangereux des animaux est si peu en rapport avec leur régime alimentaire, ou même avec la force de destruction dont ils sont doués, que la plupart des herbivores sont en général des êtres farouches, grossiers, et dont l'apparente douceur est souvent suivie d'un acte de brutalité. Il a fallu plus de patience, plus de courage, plus de travail, pour dompter le cheval et le taureau, qu'il n'en eût fallu à l'homme pour conquérir la plus terrible des espèces carnivores, et si l'industrie agricole s'est adressée de préférence aux ruminants et aux solipèdes, c'est uniquement parce qu'elle y a vu une utilité plus immédiate.

Cet obstacle écarté comme imaginaire, que reste-t-il ? Il reste la difficulté d'acclimatation. La plupart des carnassiers, parmi lesquels les sociétés européennes pourraient recruter de nouveaux

Alphonse Esquiros

auxiliaires, appartiennent à des climats brûlants ou glacés. Cette barrière, élevée par la nature à l'humeur envahissante de l'homme, est très sérieuse ; mais voyons si des raisons semblables ne s'opposaient point à la conquête de nos anciennes races domestiques, et cherchons de quelle manière l'homme s'y est pris pour effacer les limites géographiques dans lesquelles ces mêmes espèces, à l'état sauvage, étaient emprisonnées. L'histoire nous apprend que nos animaux originaires des contrées chaudes n'ont pas brusquement changé de patrie ; ils n'ont point sauté d'un bond du midi au nord ; ils ont suivi la marche lente, régulière, graduée de la civilisation, qui s'avance pas à pas d'orient en occident, mais qui avance toujours. C'est par les rivages de la Grèce que le faisan de la Colchide et le paon de l'Inde se sont répandus dans toute l'Europe ; la pintade et le furet, tous deux Africains, ont été naturalisés, l'une en Italie, l'autre en Espagne, puis en Languedoc et en Provence, avant d'arriver jusqu'à nos contrées froides, où la pintade orne nos basses-cours et où le furet réprime la trop grande multiplicité des lapins. Ainsi la voie est tracée. Si, comme il est permis de l'espérer, l'exemple donné par l'Angleterre et par la Belgique est suivi en Europe ; si des jardins zoologiques, à l'instar de ceux de Londres, de Liverpool, d'Anvers, de Gand, de Bruxelles, se fondent d'ici à quelques années dans d'autres villes plus aimées du soleil, et si, mariant l'histoire naturelle avec l'économie politique, ces établissements ajoutent à un but de plaisir un but d'utilité, la conquête du règne animal pourra faire de sérieux progrès. Supposons, par exemple, deux jardins zoologiques situés l'un dans les environs de Venise et l'autre à Lisbonne : ces deux écoles d'acclimatation transmettraient, au bout d'un certain nombre de naissances, leurs élèves et le résultat de leurs essais à Marseille ou à Bordeaux, qui correspondraient avec le Muséum d'histoire naturelle de Paris, mis lui-même en relations avec les jardins zoologiques d'Angleterre ou de Belgique. La race nouvellement acquise par les soins de la science s'avancerait ainsi, d'étape en étape, vers une naturalisation européenne. Dans cette marche graduée, elle suivrait le même chemin géographique et parcourrait les mêmes phases mobiles de température que nos anciennes races domestiques ont traversées ; seulement cette marche artificielle serait accélérée par les lumières et par l'action de l'hygiène pratique.

Section III

Dans cette série de carnassiers auxquels nous demandons des auxiliaires, il existe un animal qui pourrait nous rendre de grands services : c'est le phoque. Intelligent, doux, affectueux, il a toutes les qualités qui prédisposent à l'état domestique. À Dijon, chez le directeur du cabinet d'histoire naturelle, vivait il y a quelques années un phoque tellement apprivoisé, que cet habitant des mers avait tout à fait modifié ses mœurs et ses habitudes primitives : il n'allait presque plus dans l'eau et se plaçait l'hiver près de son maître, au coin du feu, le ventre sur la cendre tiède. Dressé par l'homme, le phoque serait pour la pêche ce que le chien est pour la chasse. La seule difficulté réside dans la circonscription géographique de cet animal. Les naturalistes ont observé un fait dont ils se sont peut- être trop hâtés de déduire une loi. Le fait, le voici : aucun des animaux exotiques acclimatés maintenant en Europe n'est originaire d'une contrée plus froide que la nôtre. — On peut répondre à cela que la civilisation étant partie de l'Inde, de la Perse, de l'Égypte, il est tout naturel que nos animaux domestiques aient suivi dans sa marche vers l'occident cette civilisation dont ils étaient les ouvrages et les membres indispensables. Il est vrai que les races du nord sont aussi descendues à plusieurs reprises sur le midi de l'Europe ; mais quelle différence dans la nature de ces mouvements ! La marche de l'élément social qui s'avance d'orient en occident a toute la majesté de l'évolution solaire, tandis que les déplacements des races septentrionales ont toujours le caractère d'invasions tumultueuses. Une violence stérile a marqué partout le passage de ces torrents de barbares, qui, après avoir détruit les anciennes sociétés, ont fini par s'évanouir dans leur victoire.

À supposer d'ailleurs que ce fait historique fût une loi de la nature, il ne saurait rien prouver contre la conquête probable du phoque. Quoique cet animal soit un hôte des mers du Nord, il vit dans des latitudes assez variées. Les côtes de la Belgique et de l'Angleterre pourraient convenir à son éducation. Pour concevoir l'importance de cette œuvre, il faut se dire que sur cette solitude des mers, sept fois grande comme la terre, l'homme ne compte jusqu'ici que des ennemis. De quel intérêt ne serait-il point pour lui de se faire, au milieu du peuple actuel des eaux, un allié, un ami, un compagnon, un auxiliaire qui le suivrait dans ses entreprises ! Les résultats les plus positifs et les plus concluants ont été obtenus déjà sur des

Alphonse Esquiros

individus ; il ne s'agit plus que d'étendre les mêmes dispositions à la race, et on peut dire que le phoque est une conquête toute préparée par la nature.

Si de la famille des carnassiers nous passons à celle des herbivores, nous trouvons que l'Europe manque de plusieurs espèces domestiques auxquelles les civilisations de l'Asie, de l'Afrique et du Nouveau-Monde doivent une partie de leurs richesses, celles que donnent le chameau, le dromadaire, l'hémione, le couagga, le lama, l'alpaca. Le chameau et le dromadaire par leur sobriété, leur patience, la structure de leur estomac, qui leur permet d'endurer la privation d'eau, rendraient dans les pays secs et montagneux de l'Europe des services que le meilleur cheval ne peut procurer. Au Jardin des Plantes de Paris, des dromadaires ont été longtemps attelés au manège du puits, et l'on s'est assuré qu'un seul dromadaire équivalait pour l'ouvrage à deux forts chevaux. Moins de nourriture et plus de travail, ce serait là un profit tout clair pour la constitution économique des sociétés.

Le lama est le chameau du Nouveau-Monde. Quoique faible et lent, il ne nous semble point à dédaigner comme bête de somme dans les pays pauvres et montagneux, où l'âne, le cheval et le mulet lui-même ont de la peine à se maintenir. L'accession de cet animal serait pour certains départements de la France, notamment pour celui des Hautes-Alpes, une bonne fortune. Originaire des montagnes les plus élevées du globe, le lama a le pas très sûr ; il descend, lourdement chargé, des ravins très dangereux, et se fraie entre les rochers, sur le bord même des précipices, une route où souvent l'homme renonce à l'accompagner. Le lama ne réclame presque aucun soin ; il n'a presque pas besoin d'être abrité contre les injures de l'air ; il trouve lui-même et partout ses moyens de subsistance. Le lama conviendrait comme bête de somme à quelques localités, mais il conviendrait à toutes comme animal de boucherie, car sa chair est estimée ; sa laine, filée et préparée, donne des étoffes de prix. Le lama n'est d'ailleurs point comparable sous ce rapport à l'alpaca, dont le poil est aussi fin que le poil des chèvres de Cachemire et beaucoup plus long. La fabrication et la vente des tissus auxquels cette toison a servi de matière ont longtemps constitué une des rares branches d'industrie et de commerce de l'Amérique du Sud. Introduits tout récemment

Section III

dans quelques contrées de l'Europe, ces animaux ont déjà réussi à vivre sur plusieurs points et à se reproduire. Il n'y a guère de jardins zoologiques où, avec un peu de soins, on n'ait obtenu des naissances de lama et même d'alpaca. La race des lamas est déjà presque acclimatée en Hollande. Que ces essais continuent, et avant un demi-siècle ces animaux du Nouveau- Monde pourront être regardés comme faisant partie de notre règne économique. Leur conquête, aujourd'hui assurée en principe, ne fera certes oublier ni le cheval, ni l'âne, ni le mulet, ni le mouton, mais elle introduira un élément de plus dans l'agriculture et dans l'industrie.

Enrichir par des auxiliaires nouveaux le système actuel du mouvement, ce serait ajouter au bien-être et à la force productive des sociétés. Quelques naturalistes anglais ont pensé que, malgré leur caractère vicieux et obstiné, le daw et le zèbre n'étaient point incapables d'éducation ; ils soutiennent même que, cultivés, leurs défauts deviendraient les germes de qualités précieuses pour l'homme, telles que l'impétuosité, le courage, l'ardeur. Il est un autre animal moins farouche et doué d'une grande vitesse : — c'est l'élan, connu aux États-Unis sous le nom de *wapiti*. Ce noble animal, l'orgueil des forêts américaines, fut introduit à Baltimore par un naturaliste allemand. Les Indiens l'apprivoisèrent, et il leur rendit bien vite tous les services d'un animal domestique : l'élan porte les fardeaux, tire les traîneaux sur la glace pendant l'hiver avec une rapidité extrême, et nourrit l'homme de sa chair, qui a de la finesse. Quatre élans américains furent amenés en Angleterre dans l'année 1817 et achetés fort cher par lord James Murray, qui obtint de ces animaux trois générations superbes. Il y a quelques années, un élan fut vu à Londres, harnaché comme un cheval et emportant un tilbury avec une admirable vigueur. Cet animal paraît être de la race des élans antédiluviens dont les énormes débris fossiles se retrouvent pêle-mêle avec les ruines des forêts dans lesquelles il cachait son inoffensive majesté. L'élan doit être désigné au zèle des naturalistes qui s'occupent d'acclimatation.

De tous les animaux néanmoins que dans nos climats tempérés l'industrie pourrait adjoindre aux auxiliaires actuels du travail humain, celui qui mérite le plus d'intérêt, c'est le renne. Cet animal constitue presque toute la richesse des peuples du Nord ; il leur tient lieu à la fois de la vache, du mouton et du cheval, car il les

Alphonse Esquiros

nourrit de son lait, les réchauffe de sa laine et transporte leurs fardeaux ; sa chair est excellente. On comprend tout de suite de quel prix serait pour nos campagnes l'accession d'un animal utile à tant de points de vue. Une telle conquête a déjà tenté l'ardeur des Anglais ; des essais ont été entrepris dans ces dernières années pour introduire le renne, sur une certaine échelle, dans les contrées froides de la Grande-Bretagne. Ces essais, nous sommes forcé de le dire, n'ont point été heureux. On ne peut accuser de cet insuccès le changement de régime diététique, car la mousse, qui forme la principale nourriture de cet animal, abonde en Ecosse. Reste donc la difficulté d'acclimatation. Le renne, comme en général tous les animaux du Nord, adhère, on ne saurait le nier, avec une ténacité extrême aux conditions géographiques dans lesquelles l'a placé la nature. Toute la question est de savoir si cette ténacité est invincible. On ne saurait en vérité rien conclure des essais qui ont été tentés jusqu'ici. L'art de l'acclimatation consiste avant tout à ménager les nuances du changement. Tout être organisé est susceptible de céder à l'action des modifications combinées, mais c'est à la condition expresse que cette action sera lente, graduée, insensible. Un animal arraché violemment à sa situation originaire prend difficilement racine dans la patrie artificielle qu'on lui destine. Pour bien faire, il faut que l'industrie ait eu soin de préparer en quelque sorte les conditions géographiques de cette nouvelle résidence. Le renne est très répandu en Norvège, où l'on estime beaucoup ses services, soit comme objet de luxe, soit comme auxiliaire de l'homme, soit encore comme animal de boucherie. Pour amener ce froid habitant des glaces dans les climats modérés de l'Europe, il faudrait un système de transitions organisées ; sa race devra s'avancer d'étape en étape sur les bords de la Baltique ou de la Mer du Nord. Des jardins zoologiques conçus d'après cette idée, et réalisant du nord au midi une échelle mobile de températures, seraient seuls capables d'enrichir notre règne domestique d'un sujet si docile et si précieux. Anvers pourrait jouer vis-à-vis des animaux polaires le rôle que Marseille est appelé à jouer vis-à-vis des animaux de l'Afrique ; c'est un pied-à-terre où le renne viendrait se poser, après avoir passé par le Danemark et par la Hollande, et d'où il pourrait peut-être se répandre plus tard dans l'intérieur de la France. Le climat de la Belgique, surtout celui d'Anvers, est un climat peu favorisé du soleil, qui ne convient guère aux essais de naturalisation en ce qui touche les races du midi ; mais cette disgrâce elle-même deviendrait une condition heureuse et féconde pour la conquête des races du nord.[1]

Notre régime alimentaire est pauvre, comparé surtout aux richesses vivantes que la nature a répandues sur le globe, et dont l'Européen, quoique le plus industrieux des hommes, ne s'est encore approprié qu'une très faible partie. Il serait trop long de passer en revue toutes les espèces exotiques de mammifères dont nos tables pourraient s'enrichir ; mais il en est une qui se recommande par sa grande taille, par l'abondance de sa chair et par la facilité de sa conquête : nous voulons parler du tapir américain. Le tapir est l'hippopotame du Nouveau-Monde, de même que le lama en est le chameau. Ce pachyderme compléterait la race de nos cochons domestiques, dont l'utilité est proverbiale. Une considération doit nous diriger non-seulement dans la conquête du tapir, mais dans celle du cabiai, de la vigogne, de la gazelle et de tant d'autres espèces inconnues en Europe, que réclament, soit notre économie alimentaire, soit notre industrie. Tous les animaux qui se sont laissé réduire à l'état domestique se sont considérablement accrus en nombre malgré les sacrifices imposés à leur race par nos besoins ; tous les animaux au contraire qui ont persisté à vivre dans l'état sauvage diminuent de jour en jour. Quelques-uns même tendent, selon toute vraisemblance, à s'effacer du monde. À mesure que la civilisation s'avance sur le globe, elle refoule le règne animal. Les grandes espèces surtout ne peuvent se maintenir à l'état libre dans le voisinage des sociétés. Que l'Afrique et l'Asie suivent un jour l'exemple du Nouveau-Monde, que la hache du pionnier ouvre sur cette vieille terre un chemin à la colonisation, et les races sauvages auront à choisir entre ces deux alternatives, — passer dans le domaine de l'homme ou disparaître. En favorisant les essais qui doivent accroître le groupe de nos animaux domestiques, la science ne servirait pas seulement les intérêts de l'économie sociale ; elle

---

1 On a un exemple de la rapidité avec laquelle la conquête du renne est capable de se propager, quand elle rencontre des conditions favorables. En 1773, treize rennes furent exportés de Norvège en Islande ; trois seulement arrivèrent au but de leur voyage. On les lâcha dans les montagnes, où ils prospérèrent et se multiplièrent tellement que, quarante ans après, il n'était pas rare de rencontrer dans plusieurs parties de l'Islande des troupeaux de cinquante à cent rennes.

Alphonse Esquiros

ferait acte de conservation naturelle. Plusieurs races sauvages de ruminants, circonscrites dans des régions peu étendues, exposées aux attaques perpétuelles d'ennemis tels que le lion et le tigre, dénoncées comme la girafe par la grandeur de leur taille et par l'éclat de leurs couleurs, sont menacées de passer dans quelques siècles à l'état de races perdues, si elles ne cherchent une protection sous la main de l'homme.

Cette crainte n'est point chimérique ; elle s'appuie sur des faits. On a déjà l'exemple d'un animal qui s'est éteint depuis les temps historiques. Du dodo, grand oiseau à ailes courtes, découvert dans l'île de France, quand l'île de France était encore inhabitée, il ne reste qu'une description écrite, une jambe qui figure au *British Museum*, et une peinture qui a, dit-on, été prise sur l'animal vivant. Voilà donc un oiseau, qui, par suite de l'introduction de l'homme dans certaines contrées de l'Afrique, a été rejoindre les espèces perdues du monde antédiluvien. Le même sort paraît réservé à l'*émeu* et au kangourou ; l'un et l'autre se retirent rapidement devant les progrès de la colonisation en Australie, et si la science ne vient à leur secours en les acclimatant chez nous, ces deux animaux seront dans quelque temps, comme le dodo, extirpés du globe.

Il est un autre animal précieux pour l'industrie qui convoite sa peau, estimé à cause des qualités de sa chair, et qui, en raison même de ses services, semble promis à une extermination certaine, quoique plus ou moins éloignée : c'est le castor. Traqué par les Indiens du nord de l'Amérique, que la civilisation traque à leur tour, le castor échappera malaisément à la guerre qui lui est déclarée, s'il ne réussit à se faire adopter par son ennemi. L'homme n'adopte, il est vrai, les animaux alimentaires et industriels qu'en vue de les détruire ; mais cette destruction régulière, organisée, corrigée d'ailleurs par les soins de la reproduction, ne compromet point l'existence de la race, comme font les fureurs de la chasse et de la pêche. Si les craintes exprimées par quelques naturalistes sur l'avenir de certaines espèces sauvages ne manquent point de fondement, s'il est vrai que les faits donnent à ces appréciations une valeur de probabilité, il faut ou accuser la nature d'imprévoyance, ou conclure que tous les animaux sont destinés à devenir domestiques, et la perpétuité de leur existence sur le globe ne pourra être assurée qu'à cette condition.

Section III

La conquête des races exotiques, cette œuvre de conservation et de prévoyance, fait des progrès insensibles, mais sûrs. Hier le kangourou était à peine connu ; aujourd'hui on peut déjà fonder des espérances sérieuses sur la naturalisation de cet animal dans nos climats. Des naissances de marsupiaux ont été obtenues par quelques établissements d'histoire naturelle. Il serait intéressant pour la science d'observer dans quelle proportion la domesticité modifierait chez nous les mœurs du didelphe. C'est une loi que les parties du monde à situation excentrique donnent naissance à un règne animal extraordinaire. Si cette loi géographique est aussi bien appuyée sur les faits que nous le croyons, si les êtres organisés sont en quelque sorte les puissances animées des régions où ils ont reçu le jour et où ils continuent de vivre ; si, sur l'inspection de leurs caractères extérieurs et de leurs habitudes, on peut se faire une idée du pays dont ils sont originaires, quiconque voit le kangourou a pour ainsi dire vu l'Australie. Cet animal qui saute plutôt qu'il ne marche, dont l'attitude est très souvent verticale, et auquel la queue, quand il se tient debout, sert de pilier, cet animal est calqué sur les circonstances topographiques au milieu desquelles il vit. Sa grande taille, la force considérable de ses membres postérieurs, les bonds de douze à vingt pieds de haut qu'il exécute avec aisance, tout annonce une contrée où, comme le rapportent les voyageurs, croissent de distance en distance d'énormes touffes d'herbe, et où la vue s'élance de roc en roc, de buisson en buisson. Quelques naturalistes anglais ont affirmé que les kangourous, élevés et domestiqués depuis longtemps sur les côtes de l'Australie, avaient perdu dans cette nouvelle manière de vivre leur allure saccadée, que l'élévation et la force de leur taille avait diminué, et qu'ils faisaient plus fréquemment usage de leurs quatre pattes pour courir. Si ces faits étaient confirmés sous nos yeux par l'expérience, ils éclaireraient une question d'histoire naturelle restée jusqu'ici fort obscure : quel est le degré d'influence exercé par les circonstances extérieures sur l'organisation et les mœurs des êtres vivants ?

Si des mammifères nous passons aux oiseaux, ici encore nous trouverons que la main de l'homme a été beaucoup trop économe de ses conquêtes. Au moyen âge, alors que la société était fondée sur la prédominance de l'élément militaire, l'art de la fauconnerie

tenait une grande place dans le monde. Les caractères de la
féodalité, la vie de château, les mœurs de cette sanglante époque se
reflétaient dans les habitudes de l'oiseau de proie, dont l'éducation
ne faisait que diriger les instincts sauvages et destructeurs. L'art
de la fauconnerie a disparu avec la hiérarchie des castes, avec les
grandes fortunes d'épée, avec le pillage et la dévastation. L'éducation
actuelle de notre règne animal domestique doit refléter les traits
d'une société industrieuse qui aspire au bien-être sans doute, mais
qui compte fonder sa prospérité matérielle sur les conquêtes de la
paix et du travail. La chasse exprime l'enfance de notre action sur
les espèces alimentaires, comme le butin auquel la guerre donne
naissance exprime l'enfance de l'économie politique. Le choix
des races ornithologiques dont l'acclimatation peut enrichir nos
volières, nos parcs ou nos basses-cours, doit être dirigé aujourd'hui,
non par un fol orgueil, ni par un but de déprédation, mais par la
recherche de l'utile et par le respect de tous les droits.

Un obstacle s'opposait jusqu'ici à ce que les grandes espèces
d'oiseaux exotiques se reproduisissent dans nos climats ; on n'avait
jamais pu obtenir que les œufs d'autruche et de casoar donnassent
lieu à des naissances par les voies naturelles. Aujourd'hui
les naturalistes ont le droit de compter, pour le succès, sur la
puissance des incubateurs hydrauliques dont la Grande-Bretagne
a perfectionné l'échelle. Déjà des œufs d'autruche et de casoar
ont été soumis à ces appareils ; une vive curiosité s'attache à cette
incubation artificielle, que l'on voit se faire à travers une vitre. Si
ces essais réussissent, l'industrie nationale ne sera bientôt plus
tributaire de l'Afrique pour ces belles plumes qui font l'orgueil et
la parure des femmes. C'est, dans tous les cas, un spectacle digne
de l'homme que d'assister au silencieux travail de la germination
de l'œuf, à l'éclosion des petits, à tous ces mystères, en un mot,
que la femelle de l'oiseau ensevelit d'ordinaire sous ses ailes, et qui
sont révélés cette fois par l'instrument dispensateur indiscret de la
chaleur et de la vie.

Le zèle des acclimatateurs devra s'attacher surtout à la famille
des gallinacés. La série de nos volailles est jusqu'ici peu variée ;
il y manque une foule de sujets que possèdent soit l'Afrique, soit
l'Australie, soit le Nouveau-Monde. Il nous suffira d'indiquer le
hocco et le pauxi. Quand on considère les mœurs familières de

ces oiseaux, quand on sait avec quelle facilité ils passent de l'état de nature à l'état domestique, quand on songe qu'ils ont été depuis longtemps apprivoisés dans plusieurs parties de l'Amérique du Sud, on est, en vérité, surpris de chercher ces oiseaux sur nos tables et de ne les point trouver. Que le hocco puisse s'habituer à nos climats, c'est ce qui ne doit plus former pour nous l'objet d'un doute. Le hocco a déjà été naturalisé une fois en Hollande, où il devint aussi prolifique au bout de quelques mois que la plupart de nos volailles communes. Cette conquête avait été commencée un peu avant la première révolution française, et elle serait assurée maintenant sans les troubles civils et les guerres qui traversèrent alors la Hollande. L'établissement dans lequel la conquête du hocco avait été entreprise fut emporté par l'orage ; la nouvelle race domestique fut dispersée, les soins et les peines donnés à l'éducation de cet oiseau se trouvèrent perdus. Si les naturalistes regardaient moins aux grands intérêts de l'humanité qu'aux pertes et aux inconvénients qui les touchent, ils auraient là un beau motif d'incriminer les révolutions. Quoi qu'il en soit, la conquête du hocco est aujourd'hui à recommencer : cette charge incombe aux jardins zoologiques. L'introduction de cet oiseau dans nos climats serait désirable à plus d'un point de vue : non-seulement sa taille et sa beauté le recommandent aux amateurs, mais il serait encore recherché sur nos marchés pour l'excellence de sa chair, qui surpasse, dit-on, en saveur, celle du faisan.

La famille des poissons nous a encore moins fourni d'espèces étrangères que la famille des oiseaux. Jusqu'ici, l'homme en est presque réduit à se nourrir des quelques espèces ichtyologiques dont l'avare nature a peuplé les lacs, les fleuves, les rivières, les étangs, sur le bord desquels il est destiné à vivre, et cependant le cyprin doré, si commun dans nos villes, qu'il forme souvent le seul luxe du pauvre, le cyprin doré est là pour nous dire qu'on peut enlever un poisson à son soleil natal, fût-ce celui de la Chine, et lui donner pour patrie les contrées les plus brumeuses. La pisciculture est encore dans l'enfance, mais cet art est appelé à faire des progrès incalculables. Les nouveaux appareils que la Grande-Bretagne vient de se donner permettent d'observer à travers une cuve de cristal les mœurs, les amours, les naissances des poissons et des mollusques. Une telle étude de la vie aquatique servira, sans aucun doute, à

Alphonse Esquiros

diriger notre action avec connaissance de cause sur les diverses tribus d'un peuple qui se couvrait jusqu'ici contre nos regards des voiles et des profondeurs de son élément vital. Cette invention n'est rien, comparée à l'œuvre de la fécondation artificielle. Nous n'avons plus à indiquer ici en quoi consiste cette expérience.[1]

Non contente de créer des animaux à volonté, comme le chimiste forme des sels, la science a voulu faire mieux encore ; elle a voulu, en croisant la semence d'une espèce avec celle d'une autre espèce, produire des espèces nouvelles. Quoique les essais tentés jusqu'ici n'aient point été heureux, des physiologistes parmi les plus éminents n'ont point perdu l'espoir de réussir un jour. Substituer la main de l'homme aux actes de la nature, ce n'est point seulement pour la science une conquête d'amour-propre, c'est avant tout une conquête d'utilité. Grâce à cette invention toute récente, on commence déjà à repeupler nos étangs, et par suite nos rivières, que menaçait de solitude le mouvement de la navigation à la vapeur. Cet art pourrait être d'un grand secours, appliqué à des essais de conquête sur les nombreuses familles que nourrissent les eaux de l'Afrique, de l'Asie et du Nouveau-Monde. S'en tenir aux poissons que le hasard du climat a mis à portée de nos filets, c'est agir à la façon du sauvage pour lequel il n'y a de fruits et d'animaux que ceux de sa contrée ; le propre de l'homme civilisé au contraire, c'est de forcer la main parcimonieuse de la nature en substituant à la distribution originelle des êtres une distribution motivée par les besoins économiques des sociétés.

Nous venons d'indiquer les services que les jardins zoologiques pourraient rendre en devenant des écoles d'acclimatation. Conquérir des espèces nouvelles, c'est un noble motif d'émulation ; mais une œuvre non moins utile serait le perfectionnement des anciennes espèces domestiques. Il y a un art qui consiste à modifier les races. C'est même à cet art que la Grande-Bretagne doit une partie de ses richesses. Quoique le germe du chien, du bœuf, du cheval, du mouton, du porc, de la chèvre, de la poule, se retrouve dans la nature, on peut dire que ces animaux sont de création humaine. Une lente action économique a changé leurs rapports, leurs mœurs, les lois de leur fécondité naturelle ; elle a même produit chez eux des formes inattendues qui se

1 Voyez, dans la livraison du 1» juin 1854, *la Pisciculture* par M. J. Haime.

Section III

rapportent à un nouvel ordre d'utilité. Voyez par exemple la race des bœufs de Durham : l'Angleterre a marqué sur ces animaux, comme sur ses autres ouvrages, les traits d'une agriculture et d'une industrie puissantes. Les cornes de ces ruminants étaient inutiles à l'alimentation : l'Anglais a supprimé les cornes ; il a développé les parties charnues du bœuf aux dépens de la charpente osseuse ; il a cultivé les parties délicates que convoite notre gourmandise, et grâce à cet incessant travail de la volonté, il a fait des animaux que la nature n'avait point soupçonnés. Le développement des autres espèces alimentaires a été poussé avec non moins d'ardeur, de telle sorte qu'en augmentant le volume et la qualité de ses anciens animaux domestiques, la Grande-Bretagne a augmenté ses ressources sans recourir à de nouvelles conquêtes sur l'état sauvage. Que dire de l'éducation du cheval ? Cet animal farouche et borné qui, chez les peuples primitifs, s'applique seulement aux exercices de la guerre, les Anglais se le sont complètement assimilé ; ils ont tiré de lui un auxiliaire qui, par ses formes et ses instincts variés, se prête aux besoins les plus compliqués de l'agriculture et de l'industrie. Accroître les forces des anciennes races domestiques, c'est accroître la somme de bien-être que nous sommes en droit d'attendre de leurs services. Les directeurs des jardins zoologiques auraient donc encore, sous ce point de vue, une mission à remplir : ces établissements pourraient devenir de véritables institutions économiques d'histoire naturelle. La culture du règne animal, en augmentant les moyens de subsistance et les instruments de travail, pourvoirait, dans une certaine mesure, au soulagement des classes laborieuses.

L'art d'améliorer les races s'appuie sur des lois aujourd'hui connues, et la première de ces lois, c'est l'hérédité des caractères acquis. Les êtres organisés tendent à reproduire par voie de génération non-seulement le type de leur espèce, mais encore les circonstances fortuites qui ont modifié, altéré ou embelli ce type fondamental. Les causes accidentelles et fugitives peuvent ainsi donner naissance à des formes stables. Sur ces principes, il s'est établi une science pratique dont les résultats sont aussi merveilleux que profitables à la richesse publique des nations. En agissant sur les individus du règne animal, l'homme agit par voie de transmission sur la race ; il sculpte -ainsi dans la vie l'idéal de ses besoins et de ses désirs.

Alphonse Esquiros

Aux formes primitives de la nature il substitue des formes belles, si l'on peut ainsi dire, d'utilité. Les variétés naissent sous sa main : il allonge ou raccourcit les membres antérieurs et postérieurs du cheval, il charge de chair les parties succulentes du bœuf, il accroît le volume de la queue dans certains moutons et le nombre des cornes dans quelques autres ; par le croisement, il engendre des races nouvelles de mammifères et d'oiseaux, dont il façonne jusqu'au poil, jusqu'à la plume. Ce ne sont pas seulement quelques caractères physiques, extérieurs, qui sortent des modifications imposées à l'animal par la volonté de l'homme ; les instincts les plus surprenants, les plus détournés, souvent même les plus opposés en apparence aux mœurs de l'état sauvage, s'enracinent par l'habitude et par l'éducation. Non-seulement l'animal acquiert les facultés que l'art lui communique, mais encore il perd celles dont l'avait pourvu la nature. Ses anciennes dispositions s'effacent, ses goûts primitifs se perdent dans la croissance organique de la race et dans les nouvelles manifestations dont elle s'enrichit. Ce n'est plus le même être : l'animal ainsi modifié, moulé en quelque sorte sur les appétits, les convoitises, les caprices ou les calculs de l'homme, est un véritable produit industriel. Les jardins zoologiques où de pareilles expériences seraient tentées deviendraient en quelque sorte des fabriques de la science et de la vie. Les espèces domestiques, acclimatées ou perfectionnées, constituent en effet de véritables produits. L'homme agit sur les animaux, comme il agit sur toutes les matières premières ; il leur donne une destination, un but, une valeur ; il se montre en un mot, vis-à-vis d'eux, créateur d'utilité.

Il ne faut pas croire que les animaux dégénèrent en devenant domestiques. Pour la plupart de nos espèces acclimatées, l'éducation a été au contraire la source d'ornements nouveaux. L'homme a développé la taille, perfectionné la structure, accru l'énergie prolifique de la plupart des animaux soumis à son action immédiate et continue. Il est pourtant vrai de dire qu'après un temps de domesticité les races ont besoin de se retremper dans la nature. Nous avons vu en Belgique des porcs nés du sanglier et du cochon domestique, dont la taille, l'allure et la corpulence étaient remarquables. La race de nos dindons gagnerait à remonter vers sa souche. Les dindons sauvages de la Pennsylvanie sont de superbes et volumineux oiseaux dont les couleurs se sont éteintes

Section III

et les formes amoindries en passant de l'état de nature dans nos basses-cours. Qui ne sait que les races humaines, après avoir traversé le progrès et la civilisation, ont de même un intérêt réel à se régénérer dans le croisement avec les races jeunes et primitives ? Les jardins zoologiques, ayant sous la main la plupart des types originels, pourraient de temps en temps renouveler le sang de nos animaux domestiques dans le sang des animaux sauvages. On s'est dégoûté de l'art pour l'art, on se dégoûtera de la science pour la science. Connaître et comprendre tout ce qui vit, c'est un charme sans doute ; mais se servir des ressources que nous propose la nature pour augmenter la force et la prospérité des nations, c'est un devoir.

À tous ces essais d'éducation, à ces tentatives de conquête sur la nature, il y a maintenant un obstacle qui s'élève, et cet obstacle est la découverte de la vapeur. Les lois du mouvement sont changées. Nous sortons de l'âge des bêtes de somme, et nous entrons dans l'âge des machines. Que sont le cheval, le chameau, le buffle, qu'est l'éléphant lui-même auprès de ces puissantes locomotives, créatures du progrès, animaux de l'industrie ? Cela souffle, respire, mange, rugit, s'agite ; cela vit. Il est à craindre que le nouveau règne mécanique ne détourne l'attention de l'homme et ne suspende la hardiesse de ses entreprises sur le règne animal. En France surtout, c'est une conséquence des progrès récents que de faire négliger les anciennes conquêtes. Tant s'en faut pourtant que cette concurrence des machines efface les services si réels et si sérieux des auxiliaires empruntés à la nature vivante. L'industrie et l'agriculture auront toujours besoin des bêtes de somme pour les transports à courte distance. Le télégraphe électrique a beau casser l'aile à nos pigeons voyageurs, ce sera longtemps encore un art ingénieux que celui qui consiste à réunir les distances par le vol de ces messagers. Le progrès de la mécanique et l'amélioration des races peuvent d'ailleurs marcher de front. L'Angleterre, tout en créant son peuple de machines, n'a point négligé d'accroître les forces et la valeur de ses animaux domestiques ; elle a compris au contraire, cette grande nation, que du concours des deux forces devait sortir le développement de la puissance économique des sociétés.

En résumé, on l'a vu, les animaux domestiques sont les ouvrages

Alphonse Esquiros

de l'homme et les monuments de son histoire. La plupart des espèces les plus communes et les plus répandues dans nos contrées sont originaires du centre de l'Asie ; elles remontent, comme nos langues, nos premiers instruments de travail agricole et nos arts utiles, au berceau de la civilisation. La guerre ayant été dans le passé le lien des races et l'agent des communications à distance, l'introduction de la plupart des sujets du règne domestique dans nos climats a été le fait des expéditions militaires. Les historiens, qui aiment à trouver des compensations dans le mal et une sorte d'utilité dans les fléaux, peuvent partir de ces conquêtes solides, profitables et précieuses, pour absoudre ce que les autres conquêtes ont de violent et de factice. Il ne faut pourtant pas jouer avec ces antithèses et ces contradictions morales. Le mal n'est point nécessaire à l'accomplissement du bien. L'empire de l'homme sur les animaux peut désormais s'établir sans le concours du sabre. Aujourd'hui que les voyages, l'industrie, la science, la vapeur, tendent à nouer entre les diverses régions du globe des rapports pacifiques, nos victoires sur la nature doivent se passer du levier de la force. Les jardins zoologiques, ces établissements nés d'hier, sont appelés, si les directeurs comprennent leur mission, à organiser l'action de l'homme vis-à-vis des animaux, à constituer l'échelle graduée des températures, et à enrichir ainsi notre régime alimentaire de toutes les espèces exotiques dont nos climats sont déshérités.

Un fait n'est point assez présent à l'esprit des naturalistes, c'est que la plupart des objets de consommation qui entrent dans le mouvement des sociétés modernes, le sucre, la pomme de terre, le riz, le café, sont d'origine exotique et d'introduction plus ou moins récente. L'alimentation de l'homme s'est pour ainsi dire renouvelée depuis deux ou trois siècles ; mais les végétaux seuls ont fait les frais de cette révolution économique. Le règne animal, si riche pourtant, n'a fourni presque aucune ressource nouvelle aux besoins croissant des populations. Nous vivons sur les espèces fort peu nombreuses que l'art des anciennes sociétés a réunies. La découverte du Nouveau-Monde ne nous a encore donné que quatre espèces domestiques dont la principale est le dindon, et cependant les hôtes primitifs de cette partie de la terre s'effacent chaque jour sous les pas de l'homme et reculent devant la civilisation qui s'avance. Il est temps que la science se préoccupe des besoins matériels de la société et qu'elle avise à les satisfaire dans la mesure de ses moyens. Le règne animal, pris au point de vue économique, représente une somme de services ; cette somme est susceptible de s'accroître ou de diminuer selon que l'art dirigera sur les espèces domestiques une action plus ou moins efficace. Beaucoup des races sauvages restent à conquérir, beaucoup des espèces conquises restent à perfectionner. Les animaux domestiques, ces monuments de la civilisation pétris dans la chair, sont des ouvrages inachevés. L'Angleterre a montré ce que pouvait l'art d'améliorer les races ; elle a montré par quelle voie on parvenait, avec la même matière sous la main, à faire de nouveaux instruments de travail et de nouveaux moyens de subsistance. Agir ainsi, c'est accroître le capital social des nations. La richesse économique est toujours conquise sur la nature ; mais en se donnant pour auxiliaire le règne animal, l'homme intéresse au dénouement de cette lutte les alliés que la nature elle-même lui fournit ; il les dirige, il les cultive, il augmente leurs forces, et au bout de cette œuvre opiniâtre il récolte du champ de la vie ce qu'il y a semé.

ISBN : 978-1542776028

www.ingramcontent.com/pod-product-compliance
Lightning Source LLC
Chambersburg PA
CBHW051825170526
45167CB00005B/2166